Ruby Jindal

Restauração Ecológica: Curando a Terra

Ruby Jindal

Restauração Ecológica: Curando a Terra

ScienciaScripts

Imprint

Any brand names and product names mentioned in this book are subject to trademark, brand or patent protection and are trademarks or registered trademarks of their respective holders. The use of brand names, product names, common names, trade names, product descriptions etc. even without a particular marking in this work is in no way to be construed to mean that such names may be regarded as unrestricted in respect of trademark and brand protection legislation and could thus be used by anyone.

Cover image: www.ingimage.com

This book is a translation from the original published under ISBN 978-620-7-80936-3.

Publisher:
Sciencia Scripts
is a trademark of
Dodo Books Indian Ocean Ltd. and OmniScriptum S.R.L publishing group

120 High Road, East Finchley, London, N2 9ED, United Kingdom
Str. Armeneasca 28/1, office 1, Chisinau MD-2012, Republic of Moldova, Europe
Printed at: see last page
ISBN: 978-620-7-88922-8

Prefácio

A Terra é uma delicada tapeçaria de ecossistemas, entrelaçados numa complexa teia de vida que sustenta inúmeras espécies, incluindo a nossa. Ao longo dos séculos, as actividades humanas desgastaram e rasgaram esta tapeçaria, conduzindo a uma degradação ambiental significativa. As florestas foram desarborizadas, as zonas húmidas drenadas, os rios represados e inúmeras espécies levadas à extinção. As consequências destas acções tornaram-se cada vez mais evidentes sob a forma de alterações climáticas, perda de biodiversidade e colapso dos ecossistemas.

No entanto, no meio destes desafios, há um movimento crescente dedicado a curar as feridas que infligimos ao nosso planeta. Este movimento, conhecido como restauração ecológica, procura devolver aos ecossistemas danificados um estado de saúde e funcionalidade. É um processo que envolve a compreensão das interacções complexas dentro dos ecossistemas, as condições históricas da terra e as formas como podemos ajudar os processos naturais na sua recuperação.

"Restauração Ecológica: Healing the Earth" é uma exploração abrangente deste domínio crucial. O seu objetivo é fornecer aos leitores uma compreensão dos princípios e práticas da restauração ecológica, destacando tanto a ciência por detrás dela como os esforços práticos que estão a ser realizados em todo o mundo. Este livro é um apelo à ação, encorajando indivíduos, comunidades e governos a participarem no trabalho vital de restaurar o nosso planeta.

Através de estudos de caso, conhecimentos científicos e orientações práticas, este livro ilustrará como a restauração ecológica pode levar à recuperação de paisagens degradadas, ao retorno da vida selvagem e à melhoria dos serviços ecossistémicos que são essenciais para o bem-estar humano. Explorará também os desafios e complexidades inerentes a este trabalho, reconhecendo que a restauração nem sempre é simples e que muitas vezes requer um compromisso a longo prazo e uma gestão adaptativa.

Por

Dr. Ruby Jindal

(Universidade K.R. Mangalam, Gurugram, Haryana, Índia)

Capítulo 1: Os Fundamentos da Restauração Ecológica

O restauro ecológico é simultaneamente uma arte e uma ciência, uma disciplina que funde a teoria ecológica com a aplicação prática. Está enraizada na compreensão de que os ecossistemas são dinâmicos e complexos, e que a intervenção humana pode ajudar a orientar a sua recuperação. Este capítulo irá explorar os conceitos fundamentais da restauração ecológica, traçando a sua história, princípios e as teorias ecológicas que sustentam a sua prática.

1.1 A história da restauração ecológica

O conceito de restauração ecológica não é novo. Os povos indígenas de todo o mundo têm praticado formas de gestão de ecossistemas durante milénios, muitas vezes com um profundo respeito pelo mundo natural. No entanto, a disciplina formal da restauração ecológica começou a tomar forma no início do século XX.

- **Esforços iniciais**: Na década de 1930, Aldo Leopold, frequentemente considerado o pai da ecologia da vida selvagem, começou a defender a restauração de terras degradadas. O seu trabalho no Arboretum da Universidade de Wisconsin marcou um dos primeiros esforços organizados para restaurar ecossistemas nativos nos Estados Unidos. A filosofia de Leopold sublinhava a importância da saúde ecológica e a necessidade de os seres humanos desenvolverem uma ética da terra.

- **Desenvolvimentos de meados do século XX**: Em meados do século XX, assistiu-se a uma maior sensibilização para as questões ambientais, impulsionada por acontecimentos como a publicação de "primavera Silenciosa" de Rachel Carson, em 1962. Este período testemunhou também a criação de organizações de conservação fundamentais e de legislação destinada a proteger os recursos naturais.

- **Era moderna**: A era moderna da restauração ecológica começou na última parte do século XX. A Sociedade para a Restauração Ecológica (SER), fundada em 1987, tem desempenhado um papel fundamental no avanço desta área. Atualmente, os projectos de restauro ecológico são realizados em todo o mundo, desde a reflorestação de florestas tropicais até à reabilitação de espaços verdes urbanos.

1.2 Princípios da restauração ecológica

A restauração ecológica é orientada por vários princípios fundamentais que ajudam a garantir a sua eficácia e sustentabilidade. Estes princípios fornecem uma estrutura a ser seguida pelos profissionais, garantindo que os esforços de restauração sejam cientificamente sólidos e eticamente responsáveis.

- **Ecossistemas de referência**: Os projectos de restauro são frequentemente orientados por ecossistemas de referência, que são exemplos específicos de ecossistemas saudáveis que fornecem um modelo para o restauro. Estas referências podem ser baseadas em dados históricos, áreas próximas não perturbadas ou teoria ecológica.

- **Gestão adaptativa**: Os ecossistemas são dinâmicos e imprevisíveis, exigindo uma abordagem flexível da gestão. A gestão adaptativa envolve a monitorização do progresso dos esforços de recuperação e a realização de ajustes conforme necessário. Este processo iterativo permite que os profissionais aprendam com as suas acções e melhorem os resultados ao longo do tempo.

- **Integridade ecológica**: O objetivo do restauro é restabelecer a integridade ecológica, que inclui a biodiversidade, os processos do ecossistema e a resiliência. Os ecossistemas restaurados devem ser auto-sustentáveis e capazes de resistir às pressões ambientais.

- **Envolvimento das partes interessadas**: Os projectos de recuperação bem sucedidos envolvem frequentemente a colaboração com as comunidades locais, proprietários de terras e outros interessados. Os seus conhecimentos, valores e necessidades são cruciais para o sucesso e aceitação a longo prazo dos esforços de restauro.

- **Sustentabilidade**: Os esforços de restauração devem ter como objetivo a sustentabilidade, considerando a viabilidade a longo prazo dos ecossistemas restaurados. Isto inclui a abordagem das causas subjacentes à degradação, como a poluição ou as espécies invasoras, e a garantia de que as áreas restauradas são protegidas de danos futuros.

1.3 Teorias ecológicas subjacentes à restauração

A restauração ecológica baseia-se em várias teorias ecológicas fundamentais que informam as suas práticas e objectivos.

- **Sucessão**: A sucessão ecológica é o processo pelo qual os ecossistemas mudam e se desenvolvem ao longo do tempo. A compreensão da sucessão ajuda os profissionais da restauração a prever a evolução das comunidades vegetais e animais e a orientar estes processos para alcançar os resultados desejados.

- **Ecologia de Perturbações**: As perturbações, tais como incêndios, inundações ou actividades humanas, desempenham um papel significativo na formação dos ecossistemas. O restauro envolve frequentemente a gestão de perturbações para promover a recuperação e manter a saúde do ecossistema.

- **Ecologia da paisagem**: Este domínio estuda os padrões e processos a grandes escalas espaciais. A ecologia da paisagem é importante para compreender a forma como os diferentes ecossistemas interagem e como os esforços de recuperação podem ser integrados em paisagens maiores.

- **Biodiversidade e Funcionamento dos Ecossistemas**: A investigação demonstrou que a biodiversidade é crucial para manter as funções dos ecossistemas, como o ciclo de nutrientes e a produtividade. Os esforços de restauro centram-se frequentemente no aumento da biodiversidade para aumentar a resiliência e a funcionalidade dos ecossistemas.

1.4 O processo de restauro

O processo de restauração ecológica segue normalmente várias
etapas fundamentais, desde a avaliação inicial até à monitorização a
longo prazo.

- **Avaliação**: O primeiro passo é avaliar o estado atual do
  ecossistema e identificar as causas da degradação. Isto envolve
  a recolha de dados sobre o solo, a água, a vegetação e a vida
  selvagem, bem como a compreensão das condições históricas
  e dos impactos humanos.

- **Planeamento**: Com base na avaliação, é desenvolvido um
  plano de restauro. Este plano define os objectivos, os métodos
  e o calendário do projeto. Tem também em conta os
  constrangimentos logísticos e financeiros, bem como os
  contributos das partes interessadas.

- **Implementação**: A fase de implementação envolve a
  realização das actividades de restauro, como a plantação de
  espécies nativas, a remoção de espécies invasoras ou a
  reintrodução de perturbações naturais. Esta fase requer
  frequentemente a coordenação entre vários intervenientes e a
  utilização de técnicas e equipamentos especializados.

- **Monitorização e manutenção**: Após a implementação, a
  monitorização contínua é crucial para acompanhar o progresso
  e fazer os ajustes necessários. Podem ser necessárias
  actividades de manutenção, como o controlo de espécies
  invasoras ou a gestão dos níveis de água, para garantir o
  sucesso a longo prazo da restauração.

- **Avaliação**: Finalmente, o sucesso da restauração é avaliado
  em relação às metas e objectivos iniciais. Esta avaliação ajuda
  a identificar as lições aprendidas e a informar futuros projectos
  de restauro.

1.5 Desafios e orientações futuras

A restauração ecológica enfrenta vários desafios, incluindo
financiamento limitado, usos conflituosos da terra e os impactos das

alterações climáticas. No entanto, os avanços na ciência ecológica, na tecnologia e nas abordagens de colaboração oferecem novas oportunidades para ultrapassar estes obstáculos.

- **Financiamento e recursos**: Assegurar financiamento e recursos adequados é um desafio comum para os projectos de recuperação. Estão a ser explorados mecanismos de financiamento inovadores, tais como pagamentos por serviços ecossistémicos ou parcerias público-privadas, para resolver esta questão.

- **Alterações climáticas**: As alterações climáticas colocam desafios significativos à restauração, uma vez que alteram as condições em que os ecossistemas funcionam. Os profissionais da restauração devem considerar os cenários climáticos futuros e incorporar estratégias de adaptação para aumentar a resiliência dos ecossistemas restaurados.

- **Política e governação**: A restauração eficaz requer políticas de apoio e estruturas de governação. Isto inclui regulamentos que protegem as áreas restauradas, incentivos para os proprietários de terras e integração dos objectivos de restauração num planeamento mais amplo do uso da terra.

- **Sensibilização e envolvimento do público**: A sensibilização e o envolvimento do público são cruciais para o sucesso dos esforços de restauro. A educação e a divulgação podem ajudar a fomentar uma cultura de gestão e apoio às iniciativas de restauro.

Concluindo, a restauração ecológica é um esforço vital que tem a promessa de curar a Terra. Ao compreender a sua história, princípios e fundamentos ecológicos, podemos apreciar melhor a importância deste trabalho e os esforços necessários para restaurar a saúde do nosso planeta. À medida que avançamos, é imperativo que continuemos a inovar, a colaborar e a empenharmo-nos no cuidado a longo prazo do nosso mundo natural.

Capítulo 2: Compreender a Dinâmica dos Ecossistemas

Os ecossistemas são redes dinâmicas e complexas de organismos vivos que interagem com o seu ambiente físico. Compreender esta dinâmica é crucial para uma restauração ecológica bem sucedida. Este capítulo aprofunda os conceitos fundamentais da dinâmica ecosistémica, incluindo a estrutura e função dos ecosistemas e os processos que impulsionam a mudança. Também examina os papéis da biodiversidade, espécies-chave e o impacto das actividades humanas nos ecossistemas.

2.1 Estrutura e função do ecossistema

A estrutura e a função de um ecossistema são conceitos fundamentais em ecologia. A estrutura refere-se à organização física de um ecossistema, enquanto a função engloba os processos que ocorrem no seu interior.

- **Componentes abióticos**: Os componentes abióticos incluem elementos não vivos como o solo, a água, o ar e os minerais. Estes elementos proporcionam o ambiente físico e químico em que os organismos vivos se desenvolvem. As características dos componentes abióticos, como o tipo de solo e a disponibilidade de água, influenciam significativamente os tipos de organismos que podem habitar um ecossistema.

- **Componentes bióticos**: Os componentes bióticos são os organismos vivos dentro de um ecossistema. Estes podem ser categorizados em produtores (autótrofos), consumidores (heterótrofos) e decompositores. Os produtores, como as plantas e as algas, convertem a luz solar em energia através da fotossíntese. Os consumidores, incluindo herbívoros, carnívoros e omnívoros, obtêm energia através do consumo de outros organismos. Os decompositores, como os fungos e as bactérias, decompõem a matéria orgânica morta, reciclando os nutrientes de volta para o ecossistema.

- **Estrutura trófica**: A estrutura trófica de um ecossistema descreve as relações de alimentação entre os organismos. É frequentemente representada como uma teia alimentar, que ilustra a forma como a energia e os nutrientes fluem através do ecossistema. Na base estão os produtores primários, seguidos pelos consumidores primários (herbívoros), consumidores secundários (carnívoros) e consumidores terciários (predadores de topo). Os decompositores desempenham um papel crucial a todos os níveis, decompondo a matéria orgânica.

- **Processos Ecosistémicos**: Os principais processos ecosistémicos incluem o fluxo de energia, o ciclo de nutrientes e a produção primária. O fluxo de energia refere-se à transferência de energia do sol através dos vários níveis tróficos. O ciclo de nutrientes envolve o movimento e a troca de elementos essenciais como o carbono, o azoto e o fósforo entre os organismos vivos e o ambiente. A produção primária é a criação de compostos orgânicos pelos produtores, que constitui a base do fornecimento de energia do ecossistema.

2.2 Sucessão e perturbação

Os ecossistemas não são estáticos; sofrem alterações contínuas através de processos como a sucessão e a perturbação.

- **Sucessão ecológica**: A sucessão é o processo pelo qual a estrutura de uma comunidade biológica evolui ao longo do tempo. Existem dois tipos principais de sucessão: primária e secundária. A sucessão primária ocorre em áreas sem vida, onde não há solo, como após uma erupção vulcânica ou o recuo de um glaciar. As espécies pioneiras, como os líquenes e os musgos, são as primeiras a colonizar estas áreas, levando eventualmente ao desenvolvimento do solo e de comunidades mais complexas. A sucessão secundária ocorre em áreas onde uma perturbação destruiu uma comunidade existente mas deixou o solo intacto, como após um incêndio, uma inundação ou uma atividade humana. A sucessão processa-se através de uma série de fases, desde os primeiros colonizadores até às comunidades maduras e estáveis, conhecidas como comunidades clímax.

- **Perturbação**: As perturbações são eventos que perturbam a estrutura e a função do ecossistema, levando a mudanças na comunidade. As perturbações podem ser naturais, como os incêndios, furacões e cheias, ou antropogénicas, como a desflorestação, poluição e urbanização. Embora as perturbações possam causar danos significativos, também desempenham um papel vital na manutenção da dinâmica dos ecossistemas. Alguns ecossistemas, como as florestas e os prados adaptados ao fogo, dependem de perturbações periódicas para manter a sua saúde e diversidade.

2.3 Biodiversidade e saúde dos ecossistemas

A biodiversidade, a variedade de vida em todas as suas formas, é uma componente crítica da saúde dos ecossistemas. Inclui a diversidade genética, a diversidade das espécies e a diversidade dos ecossistemas.

- **Diversidade genética**: A diversidade genética refere-se à variação dos genes numa espécie. É importante para a adaptabilidade e resistência das populações às alterações ambientais e aos factores de stress. Uma maior diversidade genética numa população pode aumentar as suas hipóteses de sobrevivência face a doenças, alterações climáticas e outros desafios.

- **Diversidade de espécies**: A diversidade de espécies é a variedade de espécies num ecossistema. É tipicamente medida pela riqueza de espécies (o número de espécies) e pela regularidade das espécies (a abundância relativa de cada espécie). Uma elevada diversidade de espécies pode aumentar a estabilidade, a produtividade e a resiliência dos ecossistemas. As diferentes espécies desempenham frequentemente papéis únicos nos processos dos ecossistemas e a perda de uma única espécie pode ter efeitos em cascata em toda a comunidade.

- **Diversidade dos ecossistemas**: A diversidade dos ecossistemas refere-se à variedade de ecossistemas numa paisagem mais vasta. Esta diversidade suporta uma vasta gama de habitats e processos ecológicos, contribuindo para a saúde e estabilidade globais da biosfera. A proteção de diversos ecossistemas ajuda a garantir a sobrevivência de várias espécies e os serviços que prestam.

2.4 Espécies-chave e suas funções

As espécies-chave têm efeitos desproporcionadamente grandes nos seus ecossistemas em relação à sua abundância. A sua presença ou ausência influencia significativamente a estrutura e a função da comunidade.

- **Definição e exemplos**: As espécies-chave podem ser predadores, herbívoros, plantas ou mesmo microorganismos. Por exemplo, as lontras marinhas são predadores fundamentais nos ecossistemas de florestas de algas. Ao atacarem os ouriços-do-mar, que se alimentam de algas, as lontras ajudam a manter a saúde e a estabilidade das florestas de algas. Do mesmo modo, os castores são engenheiros fundamentais; as suas actividades de construção de barragens criam zonas húmidas que suportam um conjunto diversificado de espécies.

- **Impacto na dinâmica dos ecossistemas**: A remoção de uma espécie-chave pode levar a mudanças dramáticas no ecossistema, resultando frequentemente na perda de biodiversidade e no colapso das funções do ecossistema. Compreender o papel das espécies-chave é essencial para esforços de recuperação eficazes, uma vez que a sua reintrodução ou proteção pode ajudar a restabelecer o equilíbrio ecológico.

2.5 Impactos humanos nos ecossistemas

As actividades humanas alteraram profundamente os ecossistemas, conduzindo frequentemente à degradação e à perda de biodiversidade. Os principais impactos incluem a destruição de habitats, a poluição, as alterações climáticas e a introdução de espécies invasoras.

- **Destruição do habitat**: A destruição do habitat é o principal fator de perda de biodiversidade. Actividades como a desflorestação, a urbanização e a agricultura convertem habitats naturais em paisagens dominadas pelo homem, fragmentando ecossistemas e isolando populações de espécies.

- **Poluição**: A poluição de origem industrial, agrícola e urbana contamina o ar, a água e o solo. Os poluentes químicos, como os pesticidas, os metais pesados e os plásticos, podem ter efeitos tóxicos na vida selvagem e perturbar os processos dos ecossistemas.

- **Alterações climáticas**: As alterações climáticas, impulsionadas pelas emissões de gases com efeito de estufa, estão a alterar os padrões de temperatura e precipitação, conduzindo a mudanças na distribuição das espécies e nas funções dos ecossistemas. A subida do nível do mar, a acidificação dos oceanos e o aumento da frequência de fenómenos meteorológicos extremos constituem ameaças adicionais para os ecossistemas.

- **Espécies invasoras**: A introdução de espécies não nativas pode perturbar os ecossistemas, ultrapassando as espécies nativas, alterando as estruturas do habitat e introduzindo doenças. As espécies invasoras podem afetar significativamente a biodiversidade e os serviços dos ecossistemas, tornando a sua gestão uma componente crítica dos esforços de recuperação.

2.6 Restauração ecológica na prática

A aplicação dos princípios da dinâmica ecosistémica aos projectos de restauração requer uma compreensão abrangente do ecosistema específico e do seu contexto histórico.

- **Avaliação do local**: Uma avaliação completa do local envolve a avaliação das condições actuais do ecossistema, incluindo a saúde do solo, a disponibilidade de água, a vegetação existente e a vida selvagem. Os dados históricos e os ecossistemas de referência fornecem uma base para a definição dos objectivos de recuperação.

- **Planeamento da restauração**: O planeamento da restauração envolve a seleção de métodos e técnicas adequados para alcançar os resultados desejados. Isto pode incluir a plantação de espécies nativas, a remoção de espécies invasoras, a reintrodução de espécies-chave e o restabelecimento de perturbações naturais.

- **Implementação e monitorização**: Uma implementação bem sucedida requer uma coordenação e gestão cuidadosas das actividades de restauro. A monitorização contínua e a gestão adaptativa são essenciais para avaliar o progresso e fazer os ajustes necessários.

- **Envolvimento da comunidade**: O envolvimento das comunidades locais e dos interessados é crucial para o sucesso a longo prazo dos projectos de recuperação. A educação e a sensibilização podem fomentar um sentido de administração e apoio aos esforços de recuperação.

Em conclusão, a compreensão da dinâmica dos ecossistemas é fundamental para a prática da restauração ecológica. Ao reconhecer as intrincadas relações entre os componentes bióticos e abióticos, os papéis da biodiversidade e das espécies-chave, e os impactos das actividades humanas, podemos desenvolver estratégias eficazes para curar e restaurar os ecossistemas do nosso planeta. À medida que continuamos a aprender e a inovar, a restauração ecológica oferece um caminho para uma Terra mais saudável e resistente.

Capítulo 3: Técnicas e Métodos de Restauro Ecológico

A restauração ecológica envolve um conjunto diversificado de técnicas e métodos adaptados a ecossistemas e objectivos de restauração específicos. Este capítulo explora estas técnicas, desde a reflorestação de terras degradadas até à reabilitação de zonas húmidas, prados e sistemas aquáticos. Também examina abordagens inovadoras, como o uso de tecnologia e a restauração baseada na comunidade, e discute os desafios e as melhores práticas associadas a cada método.

3.1 Reflorestação e arborização

As florestas desempenham um papel crucial nos ecossistemas globais, proporcionando habitat para inúmeras espécies, regulando o clima e apoiando os meios de subsistência humanos. A reflorestação e a florestação são técnicas fundamentais para restaurar os ecossistemas florestais.

- **Reflorestação**: A reflorestação envolve a replantação de árvores em áreas onde as florestas foram degradadas ou destruídas. O seu objetivo é restaurar a integridade ecológica e as funções dos ecossistemas florestais. Isto pode incluir a plantação de espécies de árvores nativas, a gestão da regeneração natural e a proteção das árvores jovens contra ameaças como o pastoreio ou o fogo.

- **Florestação**: A florestação é o processo de estabelecimento de florestas em áreas onde não havia cobertura arbórea anterior, como terras degradadas ou campos agrícolas marginais. Esta técnica pode ajudar a combater a desertificação, melhorar a qualidade do solo e sequestrar carbono, contribuindo para a atenuação das alterações climáticas.

- **Técnicas e considerações**:

o **Seleção de espécies**: A escolha de espécies nativas adequadas é fundamental para o êxito da reflorestação e da florestação. As espécies devem ser adaptadas às condições ambientais locais e capazes de fornecer as funções ecológicas desejadas.

o **Métodos de plantação**: As técnicas variam desde a sementeira direta até à plantação de plântulas cultivadas em viveiro. A escolha depende de factores como as condições do local, a disponibilidade de materiais de plantação e os objectivos do projeto.

o **Manutenção e proteção**: As árvores jovens necessitam de proteção contra ameaças como a herbivoria, a concorrência de espécies invasoras e factores de stress ambiental. As actividades de manutenção podem incluir a rega, a cobertura vegetal e a utilização de protecções ou vedações para as árvores.

3.2 Restauração de zonas húmidas

As zonas húmidas estão entre os ecossistemas mais produtivos, prestando serviços críticos como a purificação da água, o controlo das cheias e o habitat para diversas espécies. A recuperação das zonas húmidas envolve o restabelecimento da sua hidrologia, vegetação e funções ecológicas.

- **Restauração hidrológica**: O passo principal na recuperação de zonas húmidas é o restabelecimento dos regimes hídricos naturais. Isto pode envolver a remoção de sistemas de drenagem, a rutura de diques e o restabelecimento de padrões de fluxo naturais. As condições hidrológicas adequadas são essenciais para o suporte de plantas e animais das zonas húmidas.

- **Gestão da vegetação**: O restabelecimento da vegetação nativa é crucial para a saúde das zonas húmidas. As técnicas incluem a plantação de espécies nativas de zonas húmidas, o controlo de plantas invasoras e a gestão dos níveis de água para promover as comunidades vegetais desejadas.

- **Melhoria do habitat da vida selvagem**: A recuperação de zonas húmidas pode incluir a criação ou o melhoramento de habitats para a vida selvagem, como a construção de ilhas de nidificação para aves, a instalação de habitats para peixes e o fornecimento de cobertura para anfíbios e répteis.

- **Desafios e boas práticas**:

  - **Conflitos de uso da terra**: A recuperação de zonas húmidas compete frequentemente com as utilizações agrícolas e urbanas do solo. O planeamento colaborativo e o envolvimento das partes interessadas são essenciais para resolver estes conflitos.

  - **Qualidade da água**: As zonas húmidas restauradas têm de ser protegidas de fontes de poluição, como o escoamento agrícola ou as descargas industriais. As zonas tampão e as melhores práticas de gestão nas áreas circundantes podem ajudar a melhorar a qualidade da água.

3.3 Restauração de prados e pradarias

Os prados e as pradarias são ecossistemas vitais que suportam uma flora e fauna diversificadas, armazenam carbono e fornecem terras de pastagem. A recuperação centra-se no restabelecimento das comunidades vegetais autóctones e na gestão das perturbações.

- **Restaurar a vegetação nativa**: O primeiro passo na recuperação de pastagens é frequentemente a remoção de espécies invasoras e a reintrodução de gramíneas e forbes nativas. Isto pode ser conseguido através de técnicas como a sementeira direta, a plantação de tampões e o transplante de relva.

- **Gestão das perturbações**: As perturbações naturais, como o fogo e o pastoreio, desempenham um papel crucial na manutenção da saúde das pastagens. O fogo prescrito e o pastoreio controlado são normalmente utilizados para imitar estes processos naturais, controlar espécies invasoras e promover a biodiversidade.

- **Melhoria da saúde do solo**: Os solos saudáveis são essenciais para o êxito da recuperação de pastagens. Práticas como a redução da compactação do solo, a adição de matéria orgânica e a gestão da erosão ajudam a melhorar a estrutura e a fertilidade do solo.

- **Desafios e boas práticas**:

  - **Disponibilidade de sementes**: A obtenção de sementes nativas pode ser um desafio, especialmente para comunidades de plantas diversas. Os bancos de sementes e os viveiros especializados em espécies autóctones podem ajudar a resolver este problema.

  - **Gestão a longo prazo**: A recuperação de pastagens requer uma gestão contínua para manter a diversidade vegetal e as funções do ecossistema. As práticas de gestão adaptativa, como o pastoreio rotativo e as queimadas periódicas, são cruciais para o sucesso a longo prazo.

3.4 Restauração do ecossistema aquático

Os ecossistemas aquáticos, incluindo rios, lagos e zonas costeiras, são altamente dinâmicos e suportam uma vasta gama de espécies. A recuperação destes ecossistemas envolve a melhoria da qualidade da água, o restabelecimento dos regimes de caudais naturais e a melhoria do habitat.

- **Restauração de rios e riachos**: As técnicas para restaurar rios e riachos incluem a remoção de barreiras à migração dos peixes, como barragens e bueiros, o restabelecimento da morfologia natural do canal e a estabilização das margens do riacho com métodos de bioengenharia.

- **Recuperação de lagos**: A recuperação de lagos envolve frequentemente a redução do aporte de nutrientes, o controlo de espécies invasoras e a melhoria dos habitats para peixes e outros organismos aquáticos. As técnicas podem incluir o arejamento, a dragagem e a plantação de vegetação aquática autóctone.

- **Restauração Costeira e Marinha**: Os projectos de recuperação costeira centram-se no restabelecimento de pântanos salgados, mangais, ervas marinhas e recifes de coral. As técnicas incluem a plantação de vegetação nativa, a criação de recifes artificiais e a implementação de medidas de proteção contra a erosão costeira e a subida do nível do mar.

- **Desafios e boas práticas**:

  o **Gestão da qualidade da água**: Garantir a boa qualidade da água é fundamental para a saúde dos ecossistemas aquáticos. Isto pode envolver a abordagem das fontes de poluição, a gestão do escoamento superficial e a implementação de melhores práticas na utilização dos solos.

  o **Adaptação às alterações climáticas**: Os ecossistemas aquáticos são particularmente vulneráveis aos impactos das alterações climáticas, como a subida do nível do mar e a alteração dos padrões de precipitação. Os esforços de restauro devem incorporar estratégias de adaptação para aumentar a resiliência dos ecossistemas.

3.5 Abordagens inovadoras na restauração ecológica

As abordagens e tecnologias inovadoras são cada vez mais utilizadas para aumentar a eficácia e a eficiência dos projectos de recuperação.

- **Ecotecnologia**: A ecotecnologia envolve a utilização de processos naturais e sistemas biológicos para restaurar os ecossistemas. Os exemplos incluem a utilização de zonas húmidas construídas para o tratamento de águas residuais e o recurso à fitorremediação para remover contaminantes do solo e da água.

- **Sensoriamento remoto e GIS**: A deteção remota e os Sistemas de Informação Geográfica (SIG) são ferramentas valiosas para o planeamento, monitorização e avaliação de projectos de restauro. Estas tecnologias fornecem dados espaciais pormenorizados sobre a cobertura do solo, o estado da vegetação e as condições hidrológicas.

- **Biocontrolo**: O controlo biológico envolve a utilização de predadores naturais, parasitas ou agentes patogénicos para gerir espécies invasoras. Esta abordagem pode reduzir a necessidade de tratamentos químicos e ajudar a restaurar o equilíbrio ecológico.

- **Restauração baseada na comunidade**: O envolvimento das comunidades locais em projectos de restauração pode aumentar o seu sucesso e sustentabilidade. A restauração baseada na comunidade envolve abordagens participativas, educação e desenvolvimento de capacidades para capacitar as partes interessadas locais.

- **Desafios e boas práticas**:

  o **Escalabilidade**: As abordagens inovadoras enfrentam frequentemente desafios relacionados com a escalabilidade e o custo. Os projectos de demonstração e os estudos-piloto podem ajudar a aperfeiçoar as técnicas e a avaliar a sua aplicabilidade mais ampla.

  o **Colaboração interdisciplinar**: A inovação bem sucedida na restauração requer a colaboração entre ecologistas, engenheiros, cientistas sociais e outras disciplinas. As equipas interdisciplinares podem desenvolver soluções holísticas que abordam desafios ecológicos e sociais complexos.

3.6 Estudos de caso em restauração ecológica

A análise de estudos de caso do mundo real fornece informações valiosas sobre os desafios e sucessos dos projectos de restauração ecológica.

- **Estudo de caso 1: A restauração da Mata Atlântica no Brasil**: Este projeto de reflorestação em grande escala visa restaurar a Mata Atlântica altamente fragmentada, um dos ecossistemas com maior biodiversidade do mundo. As técnicas incluem a plantação de espécies de árvores nativas, o envolvimento das comunidades locais e a criação de corredores de vida selvagem.

- **Estudo de caso 2: Restauração de zonas húmidas no delta do rio Mississippi**: Este projeto centra-se na restauração de zonas húmidas no delta do rio Mississippi para aumentar a proteção contra inundações, melhorar a qualidade da água e proporcionar habitat para a vida selvagem. As técnicas incluem o desvio de sedimentos, a plantação de vegetação nativa e a criação de recifes de ostras.

- **Estudo de caso 3: Restauração de pradarias nas Grandes Planícies, EUA**: Os esforços para restaurar as pradarias nativas nas Grandes Planícies envolvem a reintrodução de gramíneas e forbes nativas, a gestão do pastoreio e a utilização de queimadas prescritas. O projeto realça a importância da saúde do solo e da gestão a longo prazo na recuperação de pradarias.

- **Estudo de caso 4: Restauração de recifes de coral nas Caraíbas**: A restauração de recifes de coral nas Caraíbas envolve técnicas como a jardinagem de corais, em que fragmentos de coral são cultivados em viveiros e depois transplantados para recifes danificados. O projeto realça a necessidade de resiliência climática e de envolvimento da comunidade.

3.7 Desafios e direcções futuras

A recuperação ecológica enfrenta inúmeros desafios, incluindo financiamento limitado, utilizações conflituosas dos solos e os impactos das alterações climáticas. No entanto, a investigação e a inovação em curso oferecem novas oportunidades para ultrapassar estes obstáculos.

- **Financiamento e recursos**: Assegurar financiamento e recursos adequados é um desafio comum. Mecanismos de financiamento inovadores, tais como pagamentos por serviços ecossistémicos, créditos de carbono e parcerias público-privadas, podem ajudar a apoiar os esforços de recuperação.

- **Política e governação**: A restauração eficaz requer políticas de apoio e estruturas de governação. Isto inclui regulamentos que protegem as áreas restauradas, incentivos para os proprietários de terras e integração dos objectivos de restauração num planeamento mais amplo do uso da terra.

- **Adaptação às alterações climáticas**: Os projectos de restauro devem incorporar estratégias para aumentar a resiliência dos ecossistemas às alterações climáticas. Isto pode implicar a seleção de espécies resistentes ao clima, o restabelecimento de tampões naturais e a aplicação de práticas de gestão adaptativas.

- **Sensibilização e envolvimento do público**: A sensibilização e o envolvimento do público são cruciais para o sucesso dos esforços de recuperação. A educação e a divulgação podem fomentar uma cultura de gestão e apoio às iniciativas de restauro.

Em conclusão, existe uma vasta gama de técnicas e métodos disponíveis para a restauração ecológica, cada um deles adequado a ecossistemas e objectivos específicos. Ao compreender e aplicar estas técnicas, podemos efetivamente restaurar ecossistemas degradados e contribuir para a saúde e resiliência do nosso planeta. A inovação contínua, a colaboração interdisciplinar e o envolvimento da comunidade são fundamentais para fazer avançar

Capítulo 4: Monitorização e Avaliação de Projectos de Restauro Ecológico

A monitorização e a avaliação de projectos de restauração ecológica são passos fundamentais para garantir o seu sucesso e sustentabilidade a longo prazo. Este capítulo explora os princípios, metodologias e ferramentas usadas no monitoramento e avaliação (M&A), destaca a importância da gestão adaptativa e fornece estudos de caso para ilustrar as melhores práticas e lições aprendidas.

4.1 Princípios de controlo e avaliação

A monitorização e a avaliação (M&A) são essenciais para avaliar o progresso e a eficácia dos projectos de restauro. Fornecem dados para informar as decisões de gestão, demonstrar os impactos do projeto e facilitar a aprendizagem e a adaptação.

- **Objectivos e indicadores**: Objectivos claros e indicadores mensuráveis são fundamentais para uma M&A eficaz. Os objectivos devem ser específicos, mensuráveis, realizáveis, relevantes e limitados no tempo (SMART). Os indicadores são métricas utilizadas para avaliar o progresso em direção a esses objectivos. Podem ser bióticos (p. ex., diversidade de espécies), abióticos (p. ex., qualidade do solo) ou socioeconómicos (p. ex., envolvimento da comunidade).

- **Dados de base**: O estabelecimento de dados de referência é crucial para a comparação e medição de mudanças. As avaliações de base devem ser realizadas antes do início das actividades de restauro, documentando as condições iniciais do ecossistema.

- **Frequência e duração**: A frequência e a duração da monitorização dependem dos objectivos da restauração e do tipo de ecossistema. Alguns indicadores podem exigir uma monitorização frequente (p. ex., qualidade da água), enquanto outros podem ser avaliados anualmente ou semestralmente (p. ex., crescimento da vegetação).

- **Gestão adaptativa**: A gestão adaptativa é um processo estruturado e iterativo de tomada de decisões face à incerteza. Envolve o planeamento, o acompanhamento, a avaliação e o ajustamento das estratégias de gestão com base nos resultados observados.

4.2 Metodologias e instrumentos de controlo

São utilizadas várias metodologias e ferramentas para monitorizar projectos de restauração ecológica, desde levantamentos no terreno a aplicações tecnológicas avançadas.

- **Inquéritos no terreno**: Os levantamentos de campo envolvem a observação direta e a recolha de dados no local. Os métodos incluem parcelas de vegetação, transectos, quadrículas e inquéritos à vida selvagem. Estas técnicas fornecem informações pormenorizadas e específicas do local sobre a composição das espécies, a abundância e as condições do habitat.

- **Deteção remota**: A deteção remota envolve a utilização de imagens de satélite ou aéreas para monitorizar alterações ambientais em grande escala. Pode fornecer dados sobre a cobertura do solo, o estado da vegetação, as massas de água e outras características da paisagem. Tecnologias como os drones e o LiDAR (Light Detection and Ranging) oferecem dados de alta resolução para uma análise detalhada.

- **Amostragem do solo e da água**: A amostragem do solo e da água é essencial para avaliar os componentes abióticos do ecossistema. As amostras de solo podem ser analisadas quanto ao teor de nutrientes, pH, matéria orgânica e contaminantes. Os parâmetros de qualidade da água, tais como temperatura, pH, oxigénio dissolvido e poluentes, podem ser medidos através da amostragem da água.

- **Monitorização da Biodiversidade**: A monitorização da biodiversidade envolve a avaliação da presença, abundância e saúde de várias espécies no ecossistema restaurado. As técnicas incluem armadilhas fotográficas, monitorização acústica, métodos de marcação-recaptura e análise de eDNA (ADN ambiental).

- **Avaliações socioeconómicas**: A avaliação dos impactos socioeconómicos dos projectos de restauro envolve inquéritos, entrevistas e avaliações participativas com as comunidades locais. Isso pode fornecer informações sobre o envolvimento da comunidade, os meios de subsistência e os benefícios sociais da restauração.

4.3 Análise e interpretação dos dados

Os dados recolhidos através da monitorização têm de ser analisados e interpretados para fornecerem informações significativas sobre o processo de restauro.

- **Análise estatística**: Os métodos estatísticos são utilizados para analisar os dados de monitorização, identificar tendências e testar hipóteses. Técnicas como a análise de regressão, a análise multivariada e a análise de séries temporais podem ajudar a elucidar padrões e relações nos dados.

- **Análise geoespacial**: A análise geoespacial envolve a utilização de Sistemas de Informação Geográfica (SIG) para visualizar e analisar dados espaciais. Isto pode revelar padrões espaciais, mudanças ao longo do tempo e relações entre diferentes variáveis ambientais.

- **Limites de indicadores**: O estabelecimento de limites para os indicadores pode ajudar a determinar se os objectivos de recuperação estão a ser atingidos. Os limiares são valores específicos ou intervalos que indicam condições aceitáveis para a saúde do ecossistema. A ultrapassagem destes limiares pode indicar a necessidade de uma intervenção de gestão.

- **Relatórios e comunicação**: A comunicação clara e transparente dos resultados da monitorização é essencial para a responsabilização e a tomada de decisões. Os relatórios devem incluir resumos de dados, interpretações e recomendações. A comunicação eficaz com as partes interessadas, incluindo financiadores, agências reguladoras e comunidades locais, é crucial para promover o apoio e a colaboração.

4.4 Gestão adaptativa na restauração

A gestão adaptativa é um componente crítico da restauração ecológica, permitindo flexibilidade e capacidade de resposta a condições variáveis e a novas informações.

- **Ciclos de feedback**: A gestão adaptativa baseia-se em ciclos de feedback em que os dados de monitorização informam as acções de gestão. Este processo iterativo ajuda a aperfeiçoar as estratégias de restauro e a melhorar os resultados ao longo do tempo.

- **Quadros de tomada de decisão**: Os quadros de tomada de decisão, tais como a tomada de decisão estruturada (SDM) e o planeamento de cenários, fornecem abordagens sistemáticas para avaliar as opções de gestão e os seus potenciais resultados. Estes quadros ajudam os gestores a lidar com a incerteza e a fazer escolhas informadas.

- **Estudos de caso**: Os estudos de casos de gestão adaptativa na restauração destacam a sua aplicação e benefícios. Por exemplo, a gestão adaptativa tem sido utilizada com sucesso na recuperação dos Everglades da Florida, onde os dados de monitorização têm orientado as práticas de gestão da água para melhorar a saúde do ecossistema.

4.5 Desafios no controlo e na avaliação

Apesar da sua importância, o M&A na restauração ecológica enfrenta vários desafios.

- **Restrições de recursos**: O financiamento e os recursos limitados podem dificultar os esforços de monitorização abrangentes. A definição de prioridades para os indicadores-chave e o aproveitamento de parcerias podem ajudar a resolver estes constrangimentos.

- **Qualidade e consistência dos dados**: Garantir uma recolha de dados consistente e de alta qualidade é essencial para uma M&A fiável. Protocolos normalizados e formação para o pessoal no terreno podem ajudar a manter a integridade dos dados.

- **Compromisso a longo prazo**: Os projectos de restauração requerem uma monitorização a longo prazo para captar as respostas e tendências do ecosistema. Manter o compromisso e o financiamento durante longos períodos pode ser um desafio.

- **Integração de sistemas sócio-ecológicos**: A restauração ecológica envolve frequentemente sistemas socio-ecológicos complexos. A integração das dimensões sociais, económicas e culturais nos quadros de M&A é crucial para uma avaliação holística.

4.6 Boas práticas de acompanhamento e avaliação

A adoção das melhores práticas pode aumentar a eficácia do M&A na restauração ecológica.

- **Abordagens participativas**: O envolvimento das comunidades locais e das partes interessadas na monitorização promove a apropriação e aumenta a relevância e a exatidão dos dados. As abordagens participativas podem incluir iniciativas de ciência cidadã, monitorização baseada na comunidade e análise de dados em colaboração.

- **Planos de monitorização adaptativos**: O desenvolvimento de planos de monitorização adaptativos que possam ser ajustados com base em novas informações e condições variáveis é essencial para uma gestão reactiva.

- **Capacitação**: A capacitação de profissionais de restauração, comunidades locais e partes interessadas através de formação e educação garante a implementação efectiva e a sustentabilidade dos esforços de M&A.

- **Integração com políticas e gestão**: A ligação do M&A às estruturas de política e gestão garante que os dados de monitorização informam a tomada de decisões e orientam as práticas de restauração.

4.7 Estudos de caso em matéria de controlo e avaliação

Os estudos de caso fornecem informações valiosas sobre as práticas de M&A bem sucedidas e os seus resultados.

- **Estudo de caso 1: Restauração da Baía de Chesapeake, EUA**: O programa de restauração da Baía de Chesapeake tem um quadro de M&A robusto que integra a monitorização da qualidade da água, avaliações do habitat e avaliações socioeconómicas. A gestão adaptativa tem sido fundamental para lidar com a poluição por nutrientes e melhorar a saúde da baía.

- **Estudo de caso 2: Grande Barreira de Coral, Austrália**: A monitorização e a avaliação da Grande Barreira de Coral centram-se na saúde dos corais, na qualidade da água e na biodiversidade. O Plano Reef 2050 utiliza uma estratégia abrangente de M&A para orientar os esforços de conservação e responder aos impactos das alterações climáticas.

- **Estudo de caso 3: Restauração do Planalto de Loess, China**: O projeto de restauração do Planalto de Loess na China dá ênfase à conservação do solo e da água, à recuperação da vegetação e aos benefícios socioeconómicos. A monitorização a longo prazo demonstrou melhorias significativas nos serviços ecossistémicos e nos meios de subsistência.

- **Estudo de caso 4: Restauração de mangais nas Filipinas**: A monitorização comunitária de projectos de restauração de mangais nas Filipinas envolve os intervenientes locais na avaliação da saúde dos mangais, da biodiversidade e da produtividade das pescas. As abordagens participativas aumentaram o sucesso do projeto e a resiliência da comunidade.

4.8 Orientações futuras em matéria de acompanhamento e avaliação

Os avanços tecnológicos, a colaboração interdisciplinar e as abordagens inovadoras oferecem novas oportunidades para melhorar a M&A na restauração ecológica.

- **Inovações tecnológicas**: As tecnologias emergentes, como a deteção remota, os drones e a aprendizagem automática, fornecem novas ferramentas para uma monitorização eficiente e precisa. A integração destas tecnologias nos quadros de M&A pode melhorar a recolha e a análise de dados.

- **Colaboração interdisciplinar**: A colaboração entre disciplinas, incluindo ecologia, ciências sociais e economia, promove uma avaliação abrangente e a compreensão dos impactos da restauração.

- **Redes globais e partilha de dados**: O estabelecimento de redes e plataformas globais para a partilha de dados pode melhorar a troca de conhecimentos e apoiar os esforços de restauro em colaboração. Iniciativas como a Rede Global de Restauro promovem as melhores práticas e facilitam a aprendizagem entre projectos.

- **Adaptação às alterações climáticas**: A incorporação de projecções de alterações climáticas e de medidas de resiliência nos quadros de M&A garante que os projectos de restauração permanecem eficazes em condições ambientais variáveis.

Em conclusão, a monitorização e a avaliação são componentes essenciais de projectos de restauro ecológico bem sucedidos. Através da aplicação de metodologias robustas, da adoção de uma gestão adaptativa e da superação de desafios, os profissionais da restauração podem garantir que os seus esforços conduzam a ecossistemas sustentáveis e resilientes. À medida que continuamos a inovar e a colaborar, a M&A desempenhará um papel fundamental no avanço do campo da restauração ecológica e na cura da Terra.

Capítulo 5: Envolvimento da Comunidade e das Partes Interessadas na Restauração Ecológica

O envolvimento da comunidade e das partes interessadas é fundamental para o sucesso e a sustentabilidade dos projectos de restauração ecológica. Este capítulo aprofunda os princípios, as estratégias e os benefícios do envolvimento das comunidades e dos interessados nos esforços de restauração. Também destaca os desafios e apresenta estudos de caso que demonstram práticas de envolvimento efectivas.

5.1 Princípios da participação comunitária

O envolvimento das comunidades e das partes interessadas baseia-se em vários princípios fundamentais que garantem uma participação e colaboração significativas.

- **Inclusão**: Garantir que todos os grupos relevantes, incluindo comunidades marginalizadas e indígenas, estejam envolvidos no processo de restauração. A inclusão promove perspectivas e conhecimentos diversos.

- **Transparência**: Manter uma comunicação aberta sobre os objectivos, processos e resultados do projeto. A transparência gera confiança e responsabilidade entre as partes interessadas.

- **Colaboração**: Incentivar a tomada de decisões em colaboração, em que os intervenientes participam ativamente no planeamento, implementação e monitorização das actividades de restauro.

- **Capacitação**: Fornecer às comunidades os conhecimentos, competências e recursos necessários para assumirem um papel ativo nos esforços de recuperação. A capacitação aumenta a apropriação local e a gestão a longo prazo.

5.2 Estratégias para um envolvimento efetivo

O envolvimento eficaz da comunidade e das partes interessadas exige estratégias adaptadas que tenham em conta o contexto único de cada projeto de restauro.

- **Envolvimento precoce**: Envolver as partes interessadas desde as fases iniciais do planeamento do projeto garante que os seus contributos moldam a direção do projeto. O envolvimento precoce ajuda a identificar e resolver potenciais conflitos e alinha os objectivos de restauração com as necessidades da comunidade.

- **Capacitação**: Oferecer programas de formação e educação para desenvolver a capacidade local de restauração ecológica. Isto inclui workshops, demonstrações no terreno e plataformas de intercâmbio de conhecimentos.

- **Abordagens participativas**: Utilização de métodos participativos, como o mapeamento da comunidade, discussões em grupos de discussão e avaliações rurais participativas (PRA) para recolher conhecimentos e preferências locais. Estas abordagens facilitam a aprendizagem mútua e a co-criação de soluções.

- **Comunicação e divulgação**: Desenvolvimento de estratégias de comunicação claras e eficazes para manter as partes interessadas informadas e envolvidas. Isto inclui actualizações regulares, reuniões comunitárias e a utilização de várias plataformas de comunicação social para chegar a públicos diversificados.

- **Parcerias e colaborações**: Formação de parcerias com organizações locais, instituições académicas, agências governamentais e ONG para potenciar recursos e conhecimentos. As redes de colaboração reforçam a implementação e a sustentabilidade do projeto.

5.3 Benefícios da participação comunitária

O envolvimento das comunidades e das partes interessadas na restauração ecológica traz inúmeros benefícios que aumentam o sucesso e o impacto do projeto.

* **Conhecimentos e experiência locais**: As comunidades possuem conhecimentos valiosos sobre ecossistemas locais, espécies e mudanças ambientais. A integração destes conhecimentos melhora a relevância e a eficácia das práticas de restauro.

* **Aumento da apropriação do projeto**: Quando as comunidades estão ativamente envolvidas, é mais provável que se apropriem do projeto e continuem os esforços de recuperação para além da fase inicial. Isto promove a sustentabilidade e a gestão a longo prazo.

* **Coesão social e capacitação**: Os projectos de restauro podem reforçar a coesão social, reunindo as comunidades em torno de um objetivo comum. O envolvimento de grupos marginalizados e de mulheres promove a equidade social e a capacitação.

* **Melhores resultados e resiliência**: Os esforços de restauração colaborativa que têm em conta os contextos e as necessidades locais têm mais probabilidades de êxito e de adaptação às condições em mudança. Os projectos orientados para a comunidade revelam frequentemente uma maior resistência aos desafios ambientais e socioeconómicos.

5.4 Desafios da participação comunitária

Embora o envolvimento da comunidade ofereça benefícios significativos, também apresenta desafios que devem ser abordados para um envolvimento efetivo.

* **Dinâmica de poder e conflitos**: Os desequilíbrios de poder e os conflitos entre as partes interessadas podem dificultar a colaboração. Processos transparentes e mecanismos de resolução de conflitos são essenciais para enfrentar estes desafios.

* **Restrições de recursos**: Os recursos financeiros e humanos limitados podem impedir os esforços de envolvimento da comunidade. Mecanismos de financiamento inovadores e parcerias podem ajudar a ultrapassar estes constrangimentos.

- **Sensibilidade cultural**: Os profissionais da restauração devem ser culturalmente sensíveis e respeitadores das tradições e práticas locais. O desenvolvimento da competência cultural e o trabalho com os líderes locais podem facilitar o envolvimento respeitoso.

- **Manter o envolvimento**: Manter o envolvimento da comunidade a longo prazo requer esforço e adaptação contínuos. As estratégias para manter o envolvimento incluem feedback regular, comemoração de marcos e demonstração dos benefícios tangíveis da restauração.

5.5 Estudos de casos de envolvimento comunitário bem sucedido

A análise de estudos de casos fornece informações valiosas sobre práticas eficazes de envolvimento da comunidade e os seus resultados.

- **Estudo de caso 1: Restauração de mangais no Bangladesh**: O Projeto Cinturão Verde Costeiro no Bangladesh envolveu as comunidades locais na plantação e gestão de mangais para proteção contra tempestades e erosão. O envolvimento da comunidade incluiu programas de formação, apoio aos meios de subsistência e monitorização participativa. O projeto resultou no reforço da proteção costeira, no aumento da biodiversidade e na melhoria dos meios de subsistência das comunidades locais.

- **Estudo de caso 2: Restauração florestal na Índia**: O programa de Gestão Florestal Conjunta (JFM) na Índia envolve as comunidades locais na recuperação e gestão de florestas degradadas. Através de abordagens participativas, as comunidades tomam parte no planeamento, implementação e monitorização das actividades florestais. O programa conduziu a melhorias significativas no coberto florestal, na biodiversidade e nos meios de subsistência das comunidades.

- **Estudo de caso 3: Restauração de zonas húmidas nos Estados Unidos**: O projeto de Restauração do Delta do Nisqually no Estado de Washington envolveu várias partes interessadas, incluindo tribos indígenas, agências governamentais e comunidades locais. Os esforços de envolvimento centraram-se na restauração da hidrologia natural, no reforço dos habitats dos peixes e na melhoria da qualidade da água. O projeto restaurou com êxito habitats críticos de zonas húmidas e reforçou as parcerias entre diversas partes interessadas.

- **Estudo de caso 4: Restauração de pastagens na África do Sul**: O programa Working for Water na África do Sul combina a restauração ecológica com a redução da pobreza, empregando comunidades locais para remover espécies invasoras e restaurar pastagens nativas. O programa integra formação, emprego e educação ambiental, resultando em ecossistemas restaurados e melhores condições socioeconómicas.

5.6 Instrumentos e técnicas para o envolvimento da comunidade

Várias ferramentas e técnicas podem facilitar o envolvimento efetivo da comunidade em projectos de restauração ecológica.

- **Mapeamento da comunidade**: O mapeamento comunitário envolve exercícios de mapeamento participativo em que a população local mapeia seus conhecimentos, recursos e prioridades. Esta ferramenta visual ajuda a identificar áreas-chave para a restauração e integra as perspectivas locais no planeamento do projeto.

- **Discussões em grupos de discussão**: As discussões de grupos de foco (FGDs) reúnem diversos grupos de interesse para discutir tópicos específicos relacionados à restauração. Os FGDs facilitam o diálogo, reúnem percepções e criam consenso sobre as actividades e objectivos do projeto.

- **Avaliação Rural Participativa (PRA)**: As técnicas de PRA incluem caminhadas por transectos, calendários sazonais e pontuação matricial para envolver as comunidades na avaliação do seu ambiente e na identificação das necessidades de restauração. Estes métodos encorajam a participação ativa e a partilha de conhecimentos locais.

- **Ciência cidadã**: A ciência cidadã envolve os membros da comunidade na recolha de dados e nas actividades de monitorização. Esta abordagem reforça a capacidade local, aumenta a cobertura dos dados e promove um sentido de propriedade e de contribuição para a investigação científica.

- **Narração de histórias e práticas culturais**: A narração de histórias e a integração de práticas culturais em projectos de restauro podem aumentar o envolvimento da comunidade e o respeito pelas tradições locais. A celebração do património cultural e a utilização de conhecimentos ecológicos tradicionais enriquecem os esforços de restauro.

5.7 Direcções futuras do envolvimento da comunidade

À medida que a restauração ecológica evolui, o mesmo acontece com as abordagens ao envolvimento da comunidade e das partes interessadas.

- **Ferramentas e plataformas digitais**: A utilização de ferramentas e plataformas digitais, como aplicações móveis e fóruns em linha, pode melhorar a comunicação, a recolha de dados e a participação da comunidade. As inovações digitais oferecem novas oportunidades para um envolvimento inclusivo e alargado.

- **Envolvimento dos jovens**: Envolver os jovens em projectos de restauro é vital para fomentar uma nova geração de responsáveis ambientais. Programas educativos, estágios e oportunidades de voluntariado podem inspirar os jovens a contribuir para a restauração ecológica.

- **Ampliação de abordagens baseadas na comunidade**: A expansão de modelos bem sucedidos de restauração baseados na comunidade pode ampliar o seu impacto. A partilha das melhores práticas, a criação de redes e a obtenção de financiamento para projectos de maior escala podem conduzir a uma adoção generalizada.

- **Integração de objectivos sociais e ecológicos**: Os futuros esforços de recuperação devem integrar cada vez mais objectivos sociais e ecológicos, reconhecendo a interligação dos sistemas humanos e naturais. Abordagens holísticas que abordem a equidade social, os meios de subsistência e a saúde dos ecossistemas são essenciais para uma recuperação sustentável.

- **Colaboração global e partilha de conhecimentos**: O reforço da colaboração global e da partilha de conhecimentos entre profissionais da restauração, investigadores e comunidades pode acelerar a aprendizagem e a inovação. Plataformas como a Parceria Global para a Restauração de Florestas e Paisagens (GPFLR) facilitam o intercâmbio e a divulgação das melhores práticas.

Em conclusão, o envolvimento da comunidade e das partes interessadas é fundamental para o sucesso dos projectos de restauração ecológica. Ao adotar abordagens inclusivas, transparentes e colaborativas, os profissionais da restauração podem aproveitar o poder do conhecimento local, construir parcerias duradouras e criar ecossistemas resistentes e sustentáveis. À medida que avançamos, a adoção de estratégias inovadoras e a promoção da colaboração global serão fundamentais para fazer avançar o campo da restauração ecológica e curar a Terra.

Capítulo 6: Política e Governação para a Restauração Ecológica

As estruturas políticas e de governança desempenham um papel crucial na definição da prática e dos resultados da restauração ecológica. Este capítulo explora os princípios-chave, desafios, estratégias e estudos de caso relacionados ao desenvolvimento, implementação e integração de políticas em estruturas mais amplas de gestão ambiental.

6.1 Princípios de política e governação na restauração ecológica

Uma política e uma governação eficazes para a restauração ecológica são orientadas por vários princípios fundamentais que garantem a responsabilidade, a sustentabilidade e resultados equitativos.

- **Abordagem integrada**: As políticas devem integrar a restauração ecológica em estruturas mais amplas de planeamento ambiental e de uso da terra. Isto assegura que os esforços de restauro se alinham com os objectivos de conservação, desenvolvimento sustentável e estratégias de resiliência climática.

- **Gestão adaptativa**: As políticas devem apoiar abordagens de gestão adaptativa que permitam a aprendizagem, a flexibilidade e o ajustamento com base nos resultados da monitorização e avaliação. A gestão adaptativa assegura que as práticas de restauro possam responder a condições ambientais variáveis e a incertezas.

- **Envolvimento das partes interessadas**: As políticas devem facilitar o envolvimento significativo dos interessados, incluindo comunidades locais, povos indígenas, ONGs, cientistas e agências governamentais. Os processos inclusivos de tomada de decisão aumentam a transparência, a legitimidade e o apoio às iniciativas de restauração.

- **Tomada de decisões com base científica**: As políticas devem basear-se na investigação científica, nos dados de monitorização e nas melhores práticas de recuperação ecológica. Políticas baseadas em evidências promovem a alocação eficaz de recursos, priorizam projetos de alto impacto e orientam estratégias de implementação.

6.2 Desafios em matéria de política e governação

O desenvolvimento e a aplicação de políticas eficazes de recuperação ecológica enfrentam vários desafios que têm de ser enfrentados para se obterem resultados positivos.

- **Fragmentação e coordenação**: A fragmentação das estruturas de governação nos diferentes níveis de governo e sectores pode dificultar o desenvolvimento e a implementação de políticas coesas. São necessários mecanismos de coordenação para alinhar as políticas, partilhar responsabilidades e utilizar os recursos de forma eficaz.

- **Vontade política e compromisso**: Garantir a vontade política e o compromisso a longo prazo dos decisores políticos é crucial para manter o financiamento, o apoio e a continuidade dos esforços de recuperação. A defesa e a consciencialização do público podem ajudar a criar um impulso político para as políticas de recuperação.

- **Estruturas legais e regulamentares**: Quadros legais e regulamentares inadequados ou contraditórios podem constituir obstáculos a uma recuperação efectiva. São necessários mandatos claros, mecanismos de aplicação e incentivos para apoiar o cumprimento e a responsabilização.

- **Restrições de recursos**: A limitação dos recursos financeiros, dos conhecimentos técnicos e das capacidades pode pôr em causa a aplicação de políticas de restauro ambiciosas. Os mecanismos inovadores de financiamento e as parcerias são essenciais para ultrapassar as limitações de recursos.

6.3 Estratégias para um desenvolvimento eficaz das políticas

As abordagens estratégicas podem melhorar o desenvolvimento, a implementação e a avaliação de políticas de restauração ecológica.

- **Integração de políticas**: Integrar os objectivos de restauração ecológica nas políticas ambientais nacionais e regionais, estratégias de biodiversidade, planos de ação climática e quadros de desenvolvimento sustentável. O alinhamento com acordos internacionais, como a Convenção sobre Diversidade Biológica (CDB) e o Acordo de Paris, fortalece a coerência das políticas e os compromissos globais.

- **Colaboração entre múltiplos intervenientes**: Promover a colaboração entre agências governamentais, ONGs, universidades, entidades do sector privado e comunidades locais nos processos de desenvolvimento de políticas. As plataformas de múltiplos intervenientes promovem a criação de consensos, a troca de conhecimentos e a apropriação partilhada dos objectivos de recuperação.

- **Incentivos e instrumentos económicos**: Desenvolver incentivos, subsídios, incentivos fiscais e esquemas de pagamento por serviços ecossistémicos (PES) para incentivar os proprietários privados e as comunidades a participarem nas actividades de recuperação. Os instrumentos económicos podem melhorar a relação custo-eficácia, atrair investimentos privados e gerar fluxos de financiamento sustentáveis.

- **Reforço das capacidades**: Criar capacidade institucional, experiência técnica e plataformas de partilha de conhecimentos para apoiar a implementação e monitorização eficazes de políticas. Programas de formação, workshops e redes de aprendizagem entre pares reforçam as competências dos profissionais da restauração e dos decisores.

6.4 Estudos de casos de políticas e governação eficazes

A análise de estudos de casos bem sucedidos fornece informações sobre a forma como políticas e quadros de governação eficazes podem facilitar a restauração ecológica.

- **Estudo de caso 1: A Estratégia de Biodiversidade da União Europeia**: A Estratégia de Biodiversidade da UE estabelece objectivos ambiciosos para a conservação e recuperação da biodiversidade, incluindo a recuperação de ecossistemas degradados. A estratégia integra objectivos de biodiversidade em políticas sectoriais, promove infra-estruturas verdes e apoia os Estados-Membros na implementação de iniciativas de recuperação.

- **Estudo de caso 2: Legislação de Parques Nacionais e Áreas Protegidas, Costa Rica**: A estrutura legal da Costa Rica para parques nacionais e áreas protegidas facilitou amplos esforços de restauração. As políticas do país priorizam a conservação da biodiversidade, o turismo sustentável e o envolvimento da comunidade, levando a resultados de restauração bem-sucedidos em florestas tropicais, mangues e ecossistemas marinhos.

- **Estudo de caso 3: Programa Nacional de Restauração Ecológica, China**: O Programa Nacional de Restauração Ecológica da China tem como objetivo restaurar ecossistemas degradados, combater a desertificação e melhorar a qualidade ambiental. O programa integra a restauração ecológica nos planos de desenvolvimento nacional, mobiliza recursos através de financiamento governamental e parcerias público-privadas e envolve as comunidades locais nas actividades de restauração.

- **Estudo de caso 4: O Desafio de Bona, Iniciativa Global**: O Desafio de Bona é um esforço global para restaurar 350 milhões de hectares de terras degradadas e desflorestadas até 2030. A iniciativa mobiliza governos, parceiros do sector privado e organizações da sociedade civil para se comprometerem com objectivos de recuperação ambiciosos. O apoio político inclui compromissos nacionais, mecanismos de financiamento e quadros de monitorização para acompanhar o progresso em direção aos objectivos de recuperação.

6.5 Avaliação e controlo do impacto das políticas

A monitorização e a avaliação do impacto das políticas de restauro são essenciais para avaliar os progressos, identificar lacunas e informar a gestão adaptativa.

- **Indicadores e métricas**: Desenvolver indicadores e métricas claros para avaliar a eficácia das políticas de restauração. Os indicadores podem incluir a área restaurada, os resultados em termos de biodiversidade, os serviços ecossistémicos prestados, os benefícios socioeconómicos e o cumprimento das políticas.

- **Dados de Base e Estudos Longitudinais**: Estabelecer dados de base e efetuar estudos longitudinais para acompanhar as mudanças no estado dos ecosistemas, biodiversidade e bemestar da comunidade ao longo do tempo. A monitorização a longo prazo assegura que as intervenções políticas estão a alcançar os resultados desejados e identifica as áreas a ajustar.

- **Revisão e adaptação das políticas**: Rever regularmente a implementação e os resultados das políticas para identificar os êxitos, os desafios e as lições aprendidas. Adaptar as políticas com base nos resultados da avaliação, nas reacções das partes interessadas e em novos conhecimentos científicos para melhorar a eficácia e abordar questões emergentes.

- **Partilha de conhecimentos e aprendizagem**: Facilitar a partilha de conhecimentos e a aprendizagem entre decisores políticos, profissionais, investigadores e partes interessadas para o intercâmbio de boas práticas, inovações e recomendações políticas. Plataformas como conferências, workshops e resumos de políticas melhoram a colaboração e o desenvolvimento de capacidades.

6.6 Orientações futuras em matéria de política e governação

Os futuros desenvolvimentos na política e governação da restauração ecológica devem dar prioridade à inovação, à colaboração e à gestão adaptativa.

- **Resiliência e adaptação ao clima**: Integrar a resiliência climática e as estratégias de adaptação nas políticas de restauro para fazer face aos impactes das alterações climáticas, tais como fenómenos meteorológicos extremos, subida do nível do mar e alterações na distribuição das espécies. As práticas de restauro inteligentes em termos climáticos aumentam a resiliência dos ecossistemas e apoiam os objectivos de desenvolvimento sustentável.

- **Tecnologia e inovação**: Aproveitar os avanços tecnológicos, como a deteção remota, o SIG e a análise de grandes volumes de dados, para melhorar a monitorização, a tomada de decisões e a avaliação do impacto nas políticas de restauração. As soluções inovadoras aumentam a eficiência, a precisão e a relação custo-eficácia das iniciativas de restauração.

- **Cooperação e parcerias globais**: Reforçar a cooperação global, as parcerias e os mecanismos de financiamento para apoiar iniciativas de recuperação em grande escala para além das fronteiras. Os esforços de colaboração aumentam o intercâmbio de conhecimentos, potenciam os recursos e promovem a responsabilidade partilhada pela conservação da biodiversidade global e pela recuperação dos ecossistemas.

- **Defesa de políticas e envolvimento público**: Defender políticas de restauração robustas, compromissos de financiamento e quadros regulamentares a nível nacional, regional e internacional. As campanhas de envolvimento público aumentam a consciencialização, mobilizam o apoio e promovem uma cultura de gestão ambiental e sustentabilidade.

Em conclusão, as estruturas políticas e de governança são facilitadores críticos da restauração ecológica, fornecendo o apoio legal, institucional e financeiro necessário para atingir os objectivos de conservação e desenvolvimento sustentável. Ao adotar abordagens inclusivas, adaptativas e baseadas em provas, os decisores políticos podem criar ambientes propícios a práticas de restauro eficazes e contribuir para a resiliência e saúde dos ecossistemas em todo o mundo.

Capítulo 7: Avaliação económica e financiamento da recuperação ecológica

A avaliação económica e o financiamento são aspectos essenciais da restauração ecológica, permitindo a alocação de recursos, o investimento em projectos de restauração e a realização de benefícios ambientais e socioeconómicos. Este capítulo explora os princípios, metodologias, desafios e estudos de caso relacionados à avaliação econômica, mecanismos de financiamento e inovações financeiras na restauração ecológica.

7.1 Princípios da avaliação económica na restauração ecológica

A avaliação económica fornece um quadro para avaliar os benefícios tangíveis e intangíveis da restauração ecológica, orientando a tomada de decisões e a atribuição de recursos.

- **Serviços dos ecossistemas**: A avaliação económica quantifica os benefícios proporcionados pelos ecossistemas, conhecidos como serviços ecosistémicos, incluindo o aprovisionamento (p. ex., alimentos, água), a regulação (p. ex., regulação do clima, controlo de cheias), os valores culturais (p. ex., recreativos, estéticos) e os serviços de apoio (p. ex., ciclo de nutrientes, formação do solo).

- **Análise de custo-benefício**: A análise de custo-benefício compara os custos das actividades de restauro com os benefícios esperados, monetizando tanto os custos económicos (p. ex., investimento, manutenção) como os benefícios (p. ex., custos evitados, serviços ecossistémicos melhorados). Informa as decisões sobre a viabilidade do projeto, a definição de prioridades e a atribuição de financiamento.

- **Valores de Mercado e Não-Mercado**: A avaliação económica distingue entre valores de mercado (bens e serviços transaccionados nos mercados) e valores não mercantis (p.e., valor de existência, valor de opção), que reflectem as preferências do público e a vontade de pagar pela conservação e restauração dos ecossistemas.

- **Desconto e incerteza**: O desconto tem em conta o valor temporal do dinheiro, reflectindo os benefícios e custos futuros em termos de valor atual. A abordagem da incerteza através da análise de sensibilidade e do planeamento de cenários aumenta a solidez das avaliações económicas.

7.2 Metodologias de avaliação económica

São utilizadas várias metodologias e abordagens para avaliar o valor económico da restauração ecológica e dos serviços ecossistémicos.

- **Avaliação com base no mercado**: Os métodos baseados no mercado utilizam preços de mercado ou transacções para estimar o valor económico de bens e serviços (por exemplo, produção de madeira, receitas do turismo). Os preços hedónicos e os métodos de custo de viagem são exemplos de técnicas de avaliação baseadas no mercado.

- **Avaliação não mercantil**: Os métodos de valoração não mercantil captam o valor dos serviços ecossistémicos que não são transaccionados nos mercados, tais como a valoração contingente (inquéritos para obter a vontade de pagar), experiências de escolha (inquéritos de preferência declarada), e transferência de benefícios (aplicação de valores de estudos existentes a contextos semelhantes).

- **Análise de custo-eficácia**: A análise de custo-eficácia compara estratégias alternativas de restauração com base nos seus custos por unidade de resultado ambiental alcançado (por exemplo, habitat restaurado, carbono sequestrado). Identifica abordagens economicamente eficientes para atingir os objectivos de recuperação.

- **Contabilidade do capital natural**: A contabilidade do capital natural integra os activos ecológicos e os serviços dos ecossistemas nos sistemas de contabilidade nacionais, proporcionando um quadro para avaliar a contribuição dos ecossistemas para a riqueza económica e o bem-estar humano.

7.3 Desafios da avaliação económica

Apesar da sua importância, a avaliação económica da restauração ecológica enfrenta vários desafios que influenciam a exatidão e a aplicabilidade dos resultados da avaliação.

- **Avaliação de benefícios intangíveis**: A quantificação de valores não mercantis, como os benefícios culturais e estéticos, coloca desafios devido à sua natureza subjectiva e às diversas preferências das partes interessadas. Os métodos para obter e agregar as preferências do público requerem uma análise cuidadosa.

- **Escalas espaciais e temporais**: A avaliação a diferentes escalas espaciais e temporais afecta a estimativa dos benefícios e dos custos. A contabilização da heterogeneidade espacial e dos benefícios a longo prazo aumenta a fiabilidade das avaliações económicas.

- **Limitações de dados e incerteza**: A disponibilidade limitada de dados, especialmente para valores não mercantis e impactos a longo prazo, introduz incerteza nas avaliações económicas. Metodologias robustas, análises de sensibilidade e triangulação de dados podem atenuar estas limitações.

- **Incorporação de impactos distributivos**: A avaliação económica deve ter em conta os impactos distributivos, assegurando que os benefícios e os custos são distribuídos equitativamente entre as partes interessadas. As considerações de equidade são cruciais para a aceitação social e o desenvolvimento sustentável.

7.4 Mecanismos de financiamento da restauração ecológica

Os mecanismos de financiamento mobilizam recursos financeiros para apoiar projectos de restauração ecológica, potenciando os investimentos públicos, privados e filantrópicos.

- **Financiamento público**: Os governos atribuem fundos públicos através de dotações orçamentais, subsídios e subvenções para iniciativas de restauro. Programas de financiamento nacionais e internacionais, tais como subsídios ambientais e ajuda ao desenvolvimento, apoiam projectos de restauro em grande escala.

- **Envolvimento do sector privado**: O envolvimento do sector privado inclui patrocínios empresariais, investimentos de impacto e iniciativas de responsabilidade social empresarial (RSE) que contribuem com recursos financeiros e conhecimentos especializados para os esforços de recuperação. As parcerias público-privadas (PPP) potenciam os investimentos do sector privado para benefício mútuo.

- **Apoio filantrópico**: Fundações, fundos fiduciários e organizações filantrópicas concedem subsídios, dotações e donativos para financiar projectos de restauro. A filantropia desempenha um papel crucial no financiamento de iniciativas de restauro inovadoras e orientadas para a comunidade.

- **Pagamento por Serviços Ecosistémicos (PES)**: Os esquemas PES incentivam os proprietários de terras e as comunidades a conservar e restaurar os ecossistemas, compensando-os pelos benefícios ambientais proporcionados. Os exemplos incluem mercados de carbono, pagamentos de bacias hidrográficas e compensações de biodiversidade.

- **Financiamento verde e investimento sustentável**: O financiamento verde canaliza capital para projectos ambientalmente sustentáveis, incluindo a recuperação ecológica. Instrumentos financeiros como as obrigações verdes, os fundos de investimento de impacto e os créditos ambientais atraem investidores que procuram obter retornos financeiros e resultados ambientais positivos.

7.5 Inovações no financiamento da restauração ecológica

Mecanismos de financiamento e instrumentos financeiros inovadores alargam as oportunidades de financiamento e aumentam a escalabilidade dos esforços de recuperação ecológica.

- **Financiamento misto**: O financiamento misto combina investimentos dos sectores público e privado para mitigar riscos, atrair capital e financiar projectos de recuperação. Mecanismos como garantias de empréstimos, mecanismos de partilha de riscos e financiamentos concessionais mobilizam investimentos privados para o desenvolvimento sustentável.

- **Crowdfunding e financiamento comunitário**: As plataformas de crowdfunding permitem que indivíduos e comunidades angariem fundos para iniciativas locais de restauro através de donativos e campanhas online. Os modelos de financiamento comunitário promovem a participação das bases e a apropriação de projectos de restauração.

- **Títulos de Impacto Ambiental (EIBs)**: Os BEI são mecanismos de financiamento baseados em resultados, em que os investidores fornecem capital inicial para projectos de recuperação. Os retornos estão ligados à obtenção de resultados ambientais pré-definidos, incentivando a execução e o desempenho eficientes dos projectos.

- **Seguros e transferência de riscos**: Os produtos de seguros e os mecanismos de transferência de riscos protegem os investimentos de restauração contra catástrofes naturais, riscos climáticos e fracasso dos projectos. Os seguros paramétricos, as obrigações de catástrofe e os fundos de resiliência aumentam a resiliência financeira e atraem investidores institucionais.

7.6 Estudos de casos de modelos de financiamento bem sucedidos

A análise de estudos de caso ilustra modelos de financiamento eficazes e as suas contribuições para os resultados da restauração ecológica.

- **Estudo de caso 1: O Pacto pela Restauração da Mata Atlântica, Brasil**: O Pacto pela Restauração da Mata Atlântica mobiliza investimentos dos sectores público e privado para restaurar um dos ecossistemas mais ricos em biodiversidade do mundo. As fontes de financiamento incluem subsídios governamentais, parcerias empresariais e doadores internacionais. O pacto promove a restauração da paisagem, a agricultura sustentável e a conservação da biodiversidade.

- **Estudo de caso 2: Reef Credits, Austrália**: Reef Credits é uma iniciativa baseada no mercado que financia a restauração de recifes de coral através da venda de créditos de biodiversidade. Os investidores compram créditos para compensar a sua pegada ambiental, financiando actividades de recuperação de recifes, como a propagação de corais e a reabilitação de habitats. O programa aumenta a resistência dos recifes de coral e apoia as comunidades locais dependentes dos ecossistemas dos recifes.

- **Estudo de caso 3: O Fundo Mundial para o Ambiente (GEF)**: O GEF fornece subsídios e financiamento em condições favoráveis para apoiar projectos ambientais globais, incluindo a restauração ecológica. O financiamento do GEF facilita a conservação da biodiversidade, a gestão sustentável dos solos e a adaptação às alterações climáticas em diversos ecossistemas em todo o mundo.

- **Estudo de caso 4: A Iniciativa da Grande Muralha Verde, África**: A Iniciativa da Grande Muralha Verde mobiliza financiamento internacional, incluindo subvenções, empréstimos e investimentos privados, para combater a desertificação e recuperar paisagens degradadas na região do Sahel, em África. As fontes de financiamento incluem bancos multilaterais de desenvolvimento, organizações filantrópicas e fundos climáticos. A iniciativa promove práticas sustentáveis de utilização dos solos, a resiliência das comunidades e o desenvolvimento económico.

7.7 Orientações futuras em matéria de avaliação económica e de financiamento

Os futuros desenvolvimentos na avaliação económica e no financiamento da restauração ecológica devem centrar-se na inovação, na escalabilidade e na integração dos princípios da sustentabilidade.

- **Integração tecnológica**: Aproveitar os avanços na deteção remota, na tecnologia blockchain e na análise de grandes volumes de dados para melhorar a avaliação económica, a monitorização e a transparência dos mecanismos de financiamento. As inovações digitais aumentam a eficiência, reduzem os custos de transação e expandem o acesso a oportunidades de financiamento.

- **Integração dos Serviços Ecosistémicos**: Integrar os serviços dos ecossistemas nos quadros de tomada de decisões económicas, nas normas de contabilidade das empresas e nos planos de desenvolvimento nacionais. A valorização das contribuições da natureza promove investimentos sustentáveis, infra-estruturas resilientes e um crescimento económico verde.

- **Financiamento do clima e adaptação**: Aumentar os mecanismos de financiamento do clima, como a agricultura inteligente em termos de clima, as soluções baseadas na natureza e as iniciativas de carbono azul, para reforçar a resiliência e a adaptação ao clima através da restauração ecológica. Os investimentos alinhados com o clima atraem capital do sector privado e apoiam os objectivos climáticos globais.

- **Inovação política e governação**: Reforçar os quadros políticos, os incentivos regulamentares e a cooperação internacional para promover o financiamento sustentável e o investimento na recuperação ecológica. As inovações políticas devem facilitar as parcerias público-privadas, a emissão de obrigações verdes e o investimento de impacto para uma mudança transformadora.

- **Envolvimento da comunidade e equidade**: Capacitar as comunidades locais, os povos indígenas e os grupos marginalizados como intervenientes na avaliação económica e nas decisões de financiamento. As abordagens centradas na equidade asseguram o desenvolvimento inclusivo, a justiça social e a distribuição equitativa dos benefícios da restauração.

Em conclusão, a avaliação económica e o financiamento são facilitadores essenciais da restauração ecológica, fornecendo os recursos financeiros, incentivos e mecanismos de responsabilização necessários para alcançar a sustentabilidade ambiental e a resiliência. Através da adoção de modelos de financiamento inovadores, da integração dos valores dos ecossistemas nos sistemas económicos e da promoção da cooperação global, os intervenientes podem abrir novas oportunidades para restaurar os ecossistemas e melhorar o bem-estar humano em todo o mundo.

Capítulo 8: Reflexões finais sobre a restauração ecológica: Realizações, Desafios e Direcções Futuras

A restauração ecológica representa um caminho crítico para reverter a degradação ambiental, conservar a biodiversidade e aumentar a resiliência do ecossistema diante dos desafios ambientais globais. Este capítulo final reflete sobre as conquistas, os desafios atuais e as direções futuras para o avanço do campo da restauração ecológica.

8.1 Realizações na restauração ecológica

Nas últimas décadas, a restauração ecológica alcançou marcos significativos e demonstrou o seu potencial para recuperar ecossistemas degradados e proporcionar múltiplos benefícios:

- **Histórias de sucesso de restauração**: Numerosos projectos de restauro em todo o mundo reabilitaram com sucesso ecossistemas degradados, restauraram a biodiversidade e melhoraram os serviços dos ecossistemas. Os exemplos incluem a restauração de zonas húmidas, a reabilitação de florestas, a regeneração de recifes de coral e projectos de infra-estruturas verdes urbanas.

- **Apoio político e institucional**: Aumentar o reconhecimento e a integração da restauração ecológica nos quadros políticos nacionais e internacionais, nas estratégias de biodiversidade e nos planos de ação climática. O apoio político tem facilitado o financiamento, a capacitação institucional e a colaboração multissectorial.

- **Avanços tecnológicos**: Os avanços na investigação científica, na deteção remota, na tecnologia GIS e na modelação ecológica melhoraram a monitorização, o planeamento e a gestão adaptativa dos projectos de recuperação. As inovações em tecnologia de sementes, reconstrução de habitats e engenharia ecológica melhoraram os resultados da restauração.

- **Sensibilização e envolvimento do público**: Aumento da consciencialização do público para as questões ambientais, os impactos das alterações climáticas e o papel da restauração no aumento da resiliência dos ecossistemas. O envolvimento da comunidade, as iniciativas de ciência cidadã e os programas de educação fomentaram a administração e o apoio público aos esforços de restauração.

- **Iniciativas e parcerias globais**: Iniciativas internacionais, como o Desafio de Bona, as Metas de Biodiversidade de Aichi e os Objectivos de Desenvolvimento Sustentável (ODS), galvanizaram compromissos globais para restaurar paisagens degradadas, conservar a biodiversidade e promover o desenvolvimento sustentável.

8.2 Desafios actuais na restauração ecológica

Apesar dos progressos, a recuperação ecológica enfrenta desafios persistentes que exigem uma ação colectiva e soluções inovadoras:

- **Fragmentação e escala**: A governação fragmentada, as incoerências políticas e os desafios na expansão de modelos de restauro bem sucedidos em grandes paisagens dificultam a implementação eficaz do restauro. É essencial integrar a restauração em estruturas mais amplas de planeamento do uso da terra e de desenvolvimento sustentável.

- **Impactos das alterações climáticas**: A frequência e a intensidade crescentes das perturbações relacionadas com as alterações climáticas, como incêndios florestais, secas e fenómenos meteorológicos extremos, colocam desafios aos esforços de recuperação. São necessárias estratégias de recuperação resistentes ao clima e uma gestão adaptativa para aumentar a resiliência dos ecossistemas.

- **Espécies invasoras e novos ecossistemas**: A disseminação de espécies invasoras e o surgimento de novos ecossistemas complicam os esforços de restauração, alterando a dinâmica do ecossistema e a biodiversidade. A gestão integrada de pragas e as práticas de restauração adaptativas podem atenuar estes desafios.

- **Limitações de recursos**: Recursos financeiros limitados, conhecimentos técnicos e restrições de capacidade em países em desenvolvimento e comunidades marginalizadas impedem a implementação efectiva da restauração. A mobilização de financiamento sustentável, o desenvolvimento de capacidades locais e a promoção de parcerias equitativas são fundamentais.

- **Factores sociais e culturais**: Abordar as disparidades socioeconómicas, os direitos indígenas e os valores culturais no planeamento e implementação da restauração. O respeito pelo conhecimento local, as práticas ecológicas tradicionais e a participação equitativa são essenciais para o êxito dos resultados da restauração.

8.3 Direcções futuras para a restauração ecológica

Olhando para o futuro, o avanço da restauração ecológica exige esforços concertados e inovação para enfrentar os desafios emergentes e aproveitar as oportunidades:

- **Abordagens integradas da paisagem**: Adoção de abordagens integradas da paisagem que conciliem objectivos de conservação, recuperação e gestão sustentável da terra. O planeamento da conetividade, os corredores ecológicos e as estratégias de adaptação baseadas nos ecossistemas aumentam a resiliência da paisagem e a conservação da biodiversidade.

- **Soluções baseadas na natureza**: Aumentar as soluções baseadas na natureza, como a reflorestação, a recuperação de zonas húmidas e a reabilitação de habitats costeiros, para fazer face aos impactos das alterações climáticas, aumentar o sequestro de carbono e salvaguardar os recursos hídricos. As soluções baseadas na natureza oferecem benefícios conjuntos para a biodiversidade, o bem-estar humano e a resiliência climática.

- **Infra-estruturas verdes e azuis**: Investir em projectos de infra-estruturas verdes e azuis que aumentem a resiliência urbana, atenuem as ilhas de calor urbanas e melhorem os serviços ecossistémicos nas zonas urbanas. As iniciativas de ecologização urbana promovem a equidade social, os benefícios para a saúde e a resiliência da comunidade.

- **Inovação tecnológica**: Aproveitar as inovações tecnológicas, incluindo a IA, a aprendizagem automática e a bioengenharia, para melhorar o planeamento, a monitorização e a gestão adaptativa da restauração. As soluções inovadoras melhoram a eficiência, a relação custo-eficácia e a escalabilidade das práticas de restauração.

- **Reforço de capacidades e educação**: Investir no desenvolvimento de capacidades, programas de formação e plataformas de intercâmbio de conhecimentos para capacitar as comunidades locais, os profissionais e os decisores políticos. O reforço da capacidade institucional e a promoção da educação ambiental fomentam a gestão e o desenvolvimento sustentável.

- **Inovação e financiamento de políticas**: Reforçar os quadros políticos, os incentivos regulamentares e a cooperação internacional para mobilizar fundos, atrair investimentos privados e integrar a restauração ecológica nas agendas de desenvolvimento. Mecanismos de financiamento inovadores, tais como obrigações verdes e investimentos de impacto, podem desbloquear recursos financeiros para projectos de restauro em grande escala.

8.4 Apelo à ação: Rumo a um futuro sustentável

Ao navegarmos pelas complexidades da restauração ecológica no século XXI, é fundamental um compromisso coletivo com a sustentabilidade, a equidade e a resiliência:

- **Parcerias de colaboração**: Fomentar parcerias com vários intervenientes, cooperação global e partilha de conhecimentos para acelerar os esforços de recuperação ecológica em todo o mundo. A colaboração entre governos, sociedade civil, universidades, entidades do sector privado e comunidades indígenas promove a responsabilidade partilhada e a ação colectiva.

- **Tomada de decisões inclusiva**: Assegurar processos de tomada de decisão inclusivos que respeitem o conhecimento local, a diversidade cultural e os direitos humanos no planeamento e implementação da restauração. Capacitar as comunidades como administradores dos seus recursos naturais aumenta a propriedade, a equidade e a sustentabilidade do projeto.

- **Inovação orientada para a ciência**: Abraçar a investigação científica, a inovação e a gestão adaptativa para fazer avançar as práticas de restauração ecológica. A integração de tecnologias de ponta e de abordagens interdisciplinares melhora os resultados da restauração e a resistência às alterações ambientais.

- **Defesa de políticas e liderança**: Defender quadros políticos sólidos, mecanismos de financiamento e protecções legais para apoiar a restauração ecológica como pedra angular do desenvolvimento sustentável. A liderança a todos os níveis é essencial para integrar a restauração nas agendas nacionais e nos compromissos globais.

- **Educação e sensibilização**: Promover a literacia ambiental, o envolvimento do público e a capacitação dos jovens para fomentar uma cultura de gestão ambiental e sustentabilidade. Programas de educação, iniciativas de divulgação e campanhas nos meios de comunicação social sensibilizam para a importância da conservação e recuperação dos ecossistemas.

8.5 Conclusão

A restauração ecológica representa uma abordagem transformadora para curar ecossistemas degradados, conservar a biodiversidade e garantir um futuro sustentável para as gerações vindouras. Ao aproveitar a inovação, a colaboração e o apoio político, podemos superar os desafios, aproveitar as oportunidades e alcançar a resiliência ecológica a nível local, regional e global. Juntos, comprometamo-nos a restaurar o nosso património natural, a preservar os serviços dos ecossistemas e a construir um mundo resiliente e equitativo para todos os seres vivos.

Referências

1. Aber JD. Florestas restauradas e identificação de factores críticos nas interacções espécie-sítio. In: Jordan WR, Gilpin ME, Aber JD, editores. Ecologia da restauração. A synthetic approach to ecological research. Cambridge, Reino Unido: Cambridge University Press; 1987. p. 241-50.

2. An JH, Lim CH, Lim YG, Nam KB, Lee CS. A review of restoration project evaluation and post management for ecological restoration of the river. Jornal de Ecologia de Restauração. 2014;4:15-34 [Literatura Coreana].

3. An JH, Lim CH, Lim YK, Nam KB, Pi JH, Moon JS, Bang JY, Lee CS. 2016. Desenvolvimento e aplicação de um modelo para restaurar um cinturão de vegetação para amortecer a descarga de poluentes. Journal of Korean Society on Water Environment 32:205-15. [Literatura coreana].

4. Aronson J, Florest C, Le Floc'h E, Ovalle E, Pontanier R. Restoration and rehabilitation of degraded ecosystems in arid and semi-arid lands. I. A view from the south. Restor Ecol. 1993;1:8–17 https://doi.org/10.1111/j.1526-100x.1993.tb.00004.x.

5. Berger JJ. Restauração ecológica e espécies vegetais não indígenas: uma revisão. Restor Ecol. 1993;1(2):74–82. https://doi.org/10.1111/j.1526-100X.1993.tb00012.x.

6. Corbin JD, Robinson GR, Hafkemeyer LM, Handel SN. Uma avaliação de longo prazo da nucleação aplicada como uma estratégia para facilitar a restauração florestal. Ecol Appl. 2016;26(1):104-14. 27039513. https://doi.org/10.1890/15-0075.

7. Doll BA, Grabow GL, Hall KR, Halley J, Harman WA, Jennings GD, et al. Stream restoration: a natural channel design handbook, NC Stream Restoration Institute. Raleigh: NC State University; 2003.

8. Gann GD, Lamb D. Ecological restoration: a mean of conserving biodiversity and sustaining livelihoods (versão 1.1). Sociedade Internacional de Restauração Ecológica. Tucson, Arizona, EUA: IUCN, Gland, Suíça; 2006.

9. Gann GD, McDonald T, Walder B, Aronson J, Nelson CR, Jonson J, et al. International principles and standards for the practice of ecological restoration. Segunda edição. Restor Ecol. 2019;27(S1):S1-S46.

10. Higgs E, Harris J, Murphy S, Bowers K, Hobbs R, Jenkins W, et al. On principles and standards in ecological restoration. Restor Ecol. 2018;26(3):399–403. https://doi.org/10.1111/rec.12691.

11. Hobbs RJ, Norton DA. Towards a concetual framework for restoration ecology. Restor Ecol. 1996;4(2):93–110. https://doi.org/10.1111/j.1526-100X.1996.tb00112.x.

12. Holl KD, Crone EE, Schultz CB. Landscape restoration: moving from generalities to methodologies. Bioscience. 2003;53(5):491–502. https://doi.org/10.1641/0006-3568(2003)053[0491:LRMFGT]2.0.CO;2.

Printed by Books on Demand GmbH, Norderstedt / Germany